Relacionamento Sinérgico
na Gestão de Projetos

Relacionamento Sinérgico na Gestão de Projetos

Yosef Hudson C.A

Copyright © 2024 por Yosef Hudson C.A

Todos os direitos reservados.

CAPA

Elaborada pelo autor
Cleiton Araujo

REVISÃO

Bárbara Quintão
Beatriz Alcântara
Priscila Araujo

PROJETO GRÁFICO

Anderson Araujo
Daniele Araujo

ISBN 9798322394617

Araújo, Hudson Correia de
   Pesud: Yosef Hudson C.A
     Relacionamento Sinérgico na Gestão de Projetos / Hudson Correia de Araújo.
Jacksonville Florida USA: FDMEDIA Livros, 2024. 71p.

ISBN 9798322394617

CDD 963

Índices para catálogo sistemático:
1. Comunicação 963

Poesia

Verdade Interior

Ver de olhos abertos o que sou!
Ter a coragem de não fechar o olhar central que em mim reside.
Sem isso, jamais terei a visão de mim mesmo e do que é real.
Há dimensões em nós, e precisamos de luz para ver todos os padrões que somos
e nos tornamos.
Quem tem o olho central tudo vê!
Quem é cego do olho, seus olhos vendo não enxergam!

A principal pessoa que devo amar e com quem devo me relacionar sou eu
mesmo!
Eu sou uma pessoa, eu existo como pessoa!
Não há como esconder nada de mim mesmo.
Esconder é como colocar cera em um vaso trincado:
A água não vazará pelas rachaduras, mas também não poderá fluir livremente.

Ser original é ser trincado, deixar a água fluir pelas rachaduras. Quem
aprendeu a se comunicar consigo mesmo entendeu o significado de sinceridade e
integridade. Essa pessoa está pronta para se relacionar com outras pessoas!

Ela não julgará as rachaduras de ninguém! Vai beber dessa pessoa o que brota
da rachadura! É difícil conviver com pessoas sem rachaduras! Não há como
saber a espessura da cera!

Pessoas sem cera! Sem máscaras! São líquidas! Fluem quem são! Sua
comunicação é líquida! Às vezes fogo! Às vezes barro! Às vezes gotas de ouro!
Gostam de consolo! Gostam de fluir! Gostam de ouvir! Essas são as Chaves
que nos abre para sermos humanos; E abandonar o humano sem ser!

O autor Yosef Hudson C.A

DEDICATÓRIA

Aos leitores que buscam aperfeiçoar não somente suas habilidades na área, mas também aprimorar sua inteligência emocional e espiritual, e aplicar isso de forma empírica nas relações pessoais e profissionais.

Dedicamos este ebook a vocês, que compreendem a importância de desenvolver não apenas competências técnicas, mas também o autoconhecimento, a empatia e a conexão com o seu eu interior.

Que estas páginas sejam um convite para explorar o potencial transformador que existe em cada um de nós. Que vocês encontrem inspiração para cultivar relacionamentos sinérgicos, baseados na compreensão, na escuta ativa e no respeito mútuo.

Que o conhecimento compartilhado neste livro seja uma luz que ilumine o caminho rumo a uma vida mais plena e significativa. Que vocês sejam capazes de aplicar esses ensinamentos não apenas no âmbito profissional, mas também nas interações cotidianas, tornando cada relacionamento uma oportunidade de crescimento e conexão verdadeira.

Desejamos a todos uma jornada enriquecedora, repleta de aprendizados e realizações. Que cada página deste ebook seja um passo em direção ao desenvolvimento integral, tanto nas habilidades técnicas quanto nas dimensões emocionais e espirituais.

Com gratidão,

Mr. Yosef Hudson C.A

Sumário

DEDICATÓRIA

AGRADECIMENTOS

INTRODUÇÃO

1 CAPÍTULO: 11

GESTÃO DE PROJETOS 11

   1. Conceitos básicos de gestão de projetos 14

   1.2. Papéis e responsabilidades da equipe de projeto 15

   1.3. Desafios comuns na gestão de projetos 17

2 CAPÍTULO 20

MÉTODOS ÁGEIS 20

   2. Visão geral dos métodos ágeis 21

   2.1. Scrum, Kanban e outras abordagens ágeis 22

   2.2. Benefícios da aplicação de métodos ágeis 24

3 CAPÍTULO 26

RELACIONAMENTO SINÉRGICO 26

   3. O que é um relacionamento sinérgico 27

   3.1. A comunicação efetiva entre os membros da equipe 30

   3.2. Construindo Relacionamentos 32

4 CAPÍTULO 35

DESAFIOS E SOLUÇÕES 35

NA GESTÃO DE PROJETOS ÁGEIS 35

5-CAPÍTULO 43

Estudo de caso 43

6 CAPÍTULO 47

REFLEXÃO: O mito da águia 47

REFERENCIAS: 53

AGRADECIMENTOS

Queridos leitores,

Neste momento, gostaríamos de expressar nossa profunda gratidão a vocês. Sem a sua presença e apoio, este ebook não seria possível. Vocês são a razão pela qual dedicamos nosso tempo e esforço para compartilhar conhecimento e insights valiosos.

Agradecemos por dedicarem seu tempo para ler e absorver as informações contidas nestas páginas. Sabemos que há uma infinidade de opções disponíveis, mas vocês escolheram nos acompanhar nesta jornada. Isso nos enche de alegria e motivação para continuar produzindo conteúdo relevante.

Seu interesse e engajamento são verdadeiros presentes para nós. Cada comentário, feedback e compartilhamento nos inspiram a melhorar e a oferecer um conteúdo cada vez mais útil e impactante. Vocês são parte fundamental desse processo de evolução.

Esperamos sinceramente que este ebook tenha sido enriquecedor para vocês, que tenham encontrado inspiração, aprendizado e reflexões que possam ser aplicadas em suas vidas pessoais e profissionais. Nosso objetivo é fornecer informações práticas e relevantes que possam contribuir para o seu crescimento e sucesso.

Mais uma vez, obrigado por fazerem parte da nossa comunidade de leitores. Seu apoio é inestimável e nos impulsiona a continuar compartilhando conhecimento e insights valiosos.

Com gratidão,

Mar Yosef Hudson C.A

INTRODUÇÃO

Bem-vindo ao nosso livro, onde iremos explorar a importância do relacionamento sinérgico na gestão de projetos, com ênfase na aplicação de métodos ágeis. Nesta jornada, vamos mergulhar nas profundezas das relações entre os membros de uma equipe e descobrir como elas podem transformar um projeto em uma experiência verdadeiramente satisfatória e geradora de empatia.

Um time de projeto é muito mais do que apenas um grupo de indivíduos trabalhando juntos. É uma entidade orgânica, composta por pessoas com diferentes experiências, habilidades, personalidades e até mesmo dimensões psicológicas e espirituais. Cada membro traz consigo um conjunto único de conhecimentos, padrões e saberes que, muitas vezes, são manifestados de forma inconsciente nas técnicas empíricas da vivência profissional.

Ao compreendermos a dinâmica complexa de um time, podemos explorar a força sinérgica que emerge quando todas as partes se unem em prol de um objetivo comum. A sinergia é o resultado da interação harmoniosa entre os membros da equipe, onde as diferenças são valorizadas e as habilidades complementares são aproveitadas.

Quando a força sinérgica se manifesta, os resultados podem ser surpreendentes. Projetos que pareciam impossíveis se tornam realizáveis, obstáculos são superados com mais facilidade e a satisfação tanto individual quanto coletiva alcança níveis extraordinários. A sinergia não apenas impulsiona o sucesso do projeto, mas também fortalece os laços entre os membros da equipe, criando um ambiente de trabalho saudável e produtivo.

Neste livro, vamos explorar como nutrir e cultivar a força sinérgica dentro de um time. Vamos discutir estratégias para promover a comunicação efetiva, construir confiança mútua, desenvolver a empatia e lidar com conflitos de forma construtiva. Ao entendermos o poder da sinergia, podemos maximizar nosso potencial como indivíduos e como parte de um todo maior. Prepare-se para uma jornada de descobertas e aprendizados transformadores. Vamos explorar as dimensões psicológicas, espirituais e técnicas do relacionamento sinérgico na gestão de projetos. Ao final deste ebook, esperamos que você tenha uma compreensão clara do impacto positivo que a sinergia pode trazer para sua vida pessoal e profissional.

Vamos começar essa jornada rumo a uma gestão de projetos mais eficaz e relacionamentos mais significativos!

1 CAPÍTULO: GESTÃO DE PROJETOS

A sinergia é um termo que tem origem no grego "synergos", que significa "trabalho em conjunto". Na física, a sinergia é definida como a cooperação de duas ou mais forças para produzir um efeito maior do que a soma das forças individuais. Na física quântica, a sinergia é vista como a interação entre partículas subatômicas que resulta em um comportamento coletivo.

Na biologia, a sinergia é a interação harmoniosa entre diferentes órgãos ou sistemas do corpo humano, que resulta em um funcionamento integrado e eficiente. Na ecologia, a sinergia é a interação entre diferentes espécies que resulta em um ecossistema equilibrado e saudável.

A sinergia é um conceito fundamental na gestão de projetos e no trabalho em equipe. Quando os membros de uma equipe trabalham em conjunto de forma harmoniosa e colaborativa, eles são capazes de alcançar resultados muito melhores do que se trabalhassem individualmente.

Albert Einstein, o famoso físico teórico, abordou o conceito de sinergia em suas teorias sobre a relatividade e a mecânica quântica. Ele argumentava que a sinergia era fundamental para entender o funcionamento do universo como um todo, e que todas as coisas estavam interconectadas de alguma forma.
Com certeza! Vou melhorar o texto e acrescentar algumas citações de autores que abordaram o tema da sinergia.

A sinergia é um conceito fundamental que transcende as fronteiras das áreas científicas e se estende às dimensões emocionais e espirituais da vida humana. Quando aplicada de forma consciente e intencional, a sinergia pode ser uma ferramenta poderosa para promover o bem-estar individual e coletivo, além de impulsionar o sucesso em projetos e equipes de trabalho.

Aristóteles, filósofo grego, discutiu a importância da cooperação e da harmonia nas relações humanas. Ele afirmou que "o todo é maior do que a soma das partes", destacando a importância da sinergia na realização de objetivos coletivos.

Martin Buber, filósofo e teólogo, explorou o conceito de "Eu-Tu", destacando a importância das relações autênticas e da sinergia entre os indivíduos. Segundo ele, "todas as relações autênticas são interpessoais, e toda vida real é encontro".

Carl Jung, psicólogo suíço, desenvolveu a teoria do inconsciente coletivo, destacando a interconexão entre as pessoas e a importância da colaboração harmoniosa. Ele afirmou que "a interconexão entre as pessoas é a fonte principal do conhecimento humano".

Abraham Maslow, psicólogo americano conhecido por sua teoria da hierarquia das necessidades, destaca a importância da satisfação das necessidades individuais para alcançar uma sinergia saudável em grupos e equipes. Segundo ele, "a satisfação das necessidades individuais é um pré-requisito para a realização de objetivos coletivos".

Peter Senge, autor e especialista em gestão organizacional, introduziu o conceito de "organizações que aprendem" e enfatizou a importância da sinergia para o sucesso coletivo. Ele afirmou que "a sinergia é a chave para o sucesso em organizações que aprendem".

A sinergia é um conceito fundamental que pode ser aplicado em diferentes áreas da vida humana. Quando as pessoas trabalham juntas de forma harmoniosa e colaborativa, elas são capazes de alcançar resultados muito melhores do que se trabalhassem individualmente.

A cooperação e a colaboração são fundamentais para promover a sinergia em equipes e grupos, permitindo que os objetivos coletivos sejam alcançados de forma mais eficiente e satisfatória.

Em resumo, a sinergia é a cooperação harmoniosa entre diferentes partes para produzir um resultado maior do que a soma das partes individuais. É um conceito fundamental em muitas áreas da ciência e da vida cotidiana, e pode ser aplicado na gestão de projetos, no trabalho em equipe e em muitos outros contextos.

1. Conceitos básicos de gestão de projetos

A gestão de projetos é uma disciplina essencial para o planejamento, organização e execução de projetos de forma eficiente e eficaz. Ela envolve a aplicação de conhecimentos, habilidades, ferramentas e técnicas para atingir os objetivos definidos, dentro dos prazos estabelecidos e com o uso adequado dos recursos disponíveis.

Um dos conceitos fundamentais da gestão de projetos é a definição clara dos objetivos do projeto. Como afirmou Peter Drucker, um renomado escritor e consultor de gestão, "o primeiro passo para o sucesso é ter certeza sobre o objetivo". É essencial que os objetivos sejam claros, mensuráveis, alcançáveis, relevantes e com prazo definido (SMART), para que todos os envolvidos no projeto possam trabalhar em direção a um objetivo comum.

Outro conceito importante é a elaboração de um plano de projeto detalhado. Como disse Henry Ford, "antes de tudo, preparação é a chave para o sucesso". O plano de projeto deve incluir a definição das atividades a serem realizadas, a sequência lógica dessas atividades, a estimativa de recursos necessários, o cronograma de execução e a identificação dos riscos envolvidos. Um plano bem elaborado serve como guia para a equipe do projeto e ajuda a evitar desvios e retrabalhos.

Além disso, a comunicação eficaz é um aspecto crucial da gestão de projetos. Como afirmou o autor Stephen Covey, "a comunicação é a habilidade número um para um líder". É essencial estabelecer canais de comunicação claros e abertos entre todos os membros da equipe do projeto, bem como com os stakeholders relevantes. A comunicação regular e transparente ajuda a manter todos informados sobre o progresso do projeto, identificar problemas e tomar decisões rápidas e efetivas.

Imagine o universo em sua magnitude, um vasto e complexo sistema interconectado. Agora, imagine um átomo, uma pequena partícula que compõe a estrutura fundamental da matéria. Embora aparentemente diferentes em escala, ambos são projetos de uma mesma mente criadora.

Essa percepção nos leva a compreender a mente engenheira, designer, arquiteta e construtora que trouxe à existência e gerenciou todo esse projeto de forma micro e macro, garantindo que tudo esteja conectado em perfeita harmonia. Assim como todas as peças se tornam uma unidade, elas geram uma sinergia que sustenta o projeto como um todo.

Essa visão holística e interconectada encontra eco em diferentes pensadores e filósofos ao longo da história. Por exemplo, o filósofo grego Heráclito destacou a importância da unidade e da harmonia no universo, afirmando que "tudo está em fluxo" e que "a harmonia é a mãe de todas as coisas". Já o filósofo chinês Lao Tzu enfatizou a interconexão e a harmonia entre todas as coisas, afirmando que "a natureza não faz nada em vão" e que "todas as coisas surgem e desaparecem em harmonia".

Essas perspectivas filosóficas nos convidam a refletir sobre a sinergia presente na gestão de projetos, onde cada parte desempenha um papel fundamental na consecução do todo. Assim como um arquiteto projeta um edifício com todas as partes interligadas, um gerente de projetos busca garantir que cada elemento esteja em sintonia para alcançar os objetivos estabelecidos.

1.2. Papéis e responsabilidades da equipe de projeto

A equipe de projeto desempenha um papel fundamental no sucesso e na eficácia da gestão de projetos. Cada membro da equipe possui responsabilidades específicas que contribuem para a realização dos objetivos do projeto. Vamos explorar alguns papéis comuns na equipe de projeto e as responsabilidades associadas a cada um deles.

1. Gerente de Projeto: O gerente de projeto é responsável por liderar e coordenar todas as atividades relacionadas ao projeto. Ele deve garantir que o projeto esteja alinhado com os objetivos estratégicos, definir o escopo, estabelecer o cronograma, alocar recursos, gerenciar riscos e monitorar o progresso. Como afirmou Harold Kerzner, autor de renome na área de gestão de projetos, "o gerente de projeto é como o maestro de uma orquestra, harmonizando todos os elementos para alcançar um resultado coeso".

2. Equipe Técnica: A equipe técnica é composta por especialistas que possuem conhecimentos e habilidades específicas relacionadas ao projeto. Isso pode incluir engenheiros, programadores, designers, arquitetos, entre outros. Cada membro da equipe técnica desempenha um papel importante na execução das atividades do projeto e na entrega dos resultados esperados. Como disse Steve Jobs, cofundador da Apple, "contrate pessoas inteligentes e os deixe fazer o que sabem fazer melhor".

3. Stakeholders: Os stakeholders são indivíduos ou grupos que têm interesse ou são afetados pelo projeto. Eles podem incluir clientes, acionistas, patrocinadores, usuários finais e outros envolvidos no projeto. É responsabilidade da equipe de projeto identificar e envolver os stakeholders relevantes, comunicar-se com eles de forma eficaz e gerenciar suas expectativas. Como afirmou Karl Weick, professor e pesquisador em gestão organizacional, "os stakeholders são parceiros essenciais na jornada do projeto".

Na equipe de projeto, cada pessoa desempenha papéis conhecidos e valorizados por suas habilidades técnicas. No entanto, é importante reconhecer que cada membro da equipe possui dimensões internas, como o estado psicológico e espiritual, que podem variar de pessoa para pessoa. Nesse contexto, é crucial ser sincero consigo mesmo e se questionar: "Qual é o meu estado hoje?".

Isso ocorre porque nosso estado emocional pode influenciar diretamente o processo de aplicação das nossas habilidades técnicas.

Autores contemporâneos abordam essa relação entre o estado individual e o desempenho no contexto da equipe de projeto. Um exemplo é Daniel Goleman, psicólogo e autor do livro "Inteligência Emocional", que destaca a importância de reconhecer e gerenciar as emoções para melhorar o desempenho individual e coletivo. Goleman argumenta que a inteligência emocional é essencial para lidar com as pressões e desafios do ambiente de trabalho.

Outro autor relevante é Patrick Lencioni, autor do livro "The Five Dysfunctions of a Team" (As Cinco Disfunções de uma Equipe). Lencioni explora as dinâmicas internas das equipes e destaca a importância da confiança, comunicação aberta e apoio mútuo para alcançar a sinergia e o sucesso coletivo.

Portanto, reconhecer o nosso estado emocional e espiritual, assim como o dos outros membros da equipe, é essencial para promover uma cultura de apoio e compreensão mútua. Isso pode incluir práticas como a autoavaliação diária do estado emocional, a comunicação aberta sobre as dificuldades pessoais e a busca de apoio quando necessário.

1.3. Desafios comuns na gestão de projetos

A gestão de projetos apresenta uma série de desafios que vão além das questões técnicas. Além dos obstáculos inerentes ao próprio projeto, é importante considerar os desafios internos enfrentados por cada membro da equipe. É um equívoco afirmar que a vida pessoal das pessoas fica completamente separada do ambiente de trabalho. Nossa condição familiar, relacionamentos e experiências pessoais podem influenciar diretamente nosso desempenho no trabalho.

Autores contemporâneos exploram essa interconexão entre a vida pessoal e profissional, bem como os desafios emocionais enfrentados pelos membros da equipe. Um exemplo é Brené Brown, pesquisadora e autora do livro "A Coragem de Ser Imperfeito", que discute a importância da vulnerabilidade e da autenticidade no ambiente de trabalho. Brown destaca como as emoções e experiências pessoais podem afetar a maneira como nos relacionamos com os outros e como realizamos nosso trabalho.

Outro autor relevante é Daniel Siegel, psiquiatra e autor do livro "Mindsight: The New Science of Personal Transformation" (Mindsight: A Nova Ciência da Transformação Pessoal), que explora a influência das construções emocionais e das memórias subconscientes em nossas vidas. Siegel argumenta que compreender e trabalhar com esses aspectos internos pode levar a uma maior resiliência e bem-estar no ambiente de trabalho.

Portanto, é fundamental reconhecer que uma equipe não é apenas uma máquina que busca resultados positivos. É necessário considerar o impacto emocional e interno de cada membro da equipe, bem como promover um ambiente de apoio e compreensão mútua. Isso pode incluir práticas como a criação de espaços para compartilhar experiências pessoais, o estabelecimento de uma cultura de respeito e empatia, e o fornecimento de recursos para apoiar o bem-estar emocional dos membros da equipe.

Além dos desafios técnicos, é essencial promover uma cultura organizacional baseada em relacionamentos sinérgicos e manter canais de comunicação abertos. Para isso, é importante que a área de Recursos Humanos tenha a capacidade de promover profissionais especializados em saúde mental e coaches com inteligência espiritual. Esses profissionais podem fortalecer os membros da equipe de projeto, assim como todos os setores da empresa.

A saúde mental do organismo da empresa desempenha um papel fundamental na geração de resultados saudáveis. Ao investir no bem-estar emocional dos colaboradores, a empresa cria um ambiente propício para o crescimento pessoal e profissional de seus membros. Isso inclui a promoção de um ambiente seguro e acolhedor, a oferta de recursos para lidar com o estresse e a pressão do trabalho, e o estabelecimento de práticas que incentivam o equilíbrio entre vida pessoal e profissional.

Autores contemporâneos destacam a importância de uma abordagem holística para o desenvolvimento dos colaboradores e da organização como um todo. Um exemplo é Richard Boyatzis, professor e coautor do livro "Resonant Leadership" (Liderança Ressonante), que enfatiza o papel da inteligência emocional e espiritual na liderança eficaz. Boyatzis argumenta que líderes que se preocupam com o bem-estar emocional e espiritual de suas equipes são capazes de promover um ambiente de trabalho saudável e alcançar resultados positivos.

Portanto, ao priorizar a saúde mental e emocional dos membros da equipe, a empresa cria uma base sólida para o sucesso dos projetos e para o crescimento sustentável da organização como um todo. Não tenha medo de dizer: Me ajudem.

2 CAPÍTULO
MÉTODOS ÁGEIS

2. Visão geral dos métodos ágeis

Os métodos ágeis são uma abordagem de gerenciamento de projetos que se concentra na flexibilidade, colaboração e entrega incremental. Essa metodologia é amplamente aplicada em diversas áreas, como tecnologia, marketing, design e desenvolvimento de produtos.

Um dos principais autores e fundadores dos métodos ágeis é Kent Beck, que criou o Extreme Programming (XP). Beck destaca a importância da comunicação constante entre os membros da equipe e a entrega contínua de pequenos incrementos para garantir a qualidade do produto.

Outro autor importante é Jeff Sutherland, criador do Scrum, que enfatiza a importância da colaboração e da transparência na equipe. Sutherland argumenta que a metodologia Scrum permite que a equipe se adapte rapidamente às mudanças e entregue valor de forma consistente ao longo do tempo.

Além disso, Jim Highsmith, co-fundador do Agile Alliance, destaca a importância de uma abordagem iterativa e incremental para o desenvolvimento de projetos. Highsmith argumenta que essa abordagem permite que a equipe aprenda com o feedback contínuo e adapte-se rapidamente às mudanças.

A aplicação dos métodos ágeis envolve o uso de termos específicos, como sprints, backlog, stand-ups e retrospectivas. Esses termos são comuns em metodologias como Scrum e XP e são usados para descrever as diferentes fases do processo de desenvolvimento.

Os métodos ágeis são uma ferramenta indispensável para gerentes de projeto e gestão de projetos, mas também podem ser aplicados em outras áreas da vida. Essa abordagem filosófica foi desenvolvida a partir da observação e análise do comportamento humano em projetos, e tem como objetivo maximizar a eficiência e a qualidade do trabalho em equipe.

Autores como Ken Schwaber, cocriador do Scrum, destacam a importância da colaboração e da transparência na equipe. Schwaber argumenta que a metodologia Scrum permite que a equipe trabalhe de forma mais eficiente e alcance resultados melhores em um curto período.

Outro autor relevante é Alistair Cockburn, um dos signatários do Manifesto Ágil e criador do método Crystal. Cockburn destaca a importância de uma abordagem adaptativa e flexível para o gerenciamento de projetos, que permita que a equipe se adapte rapidamente às mudanças e entregue valor de forma consistente ao longo do tempo.

Além disso, autores como Peter Drucker, considerado o pai da administração moderna, enfatizam a importância da comunicação clara e eficaz na gestão de projetos. Drucker argumenta que a comunicação é essencial para garantir que todos os membros da equipe estejam alinhados em relação aos objetivos do projeto e trabalhem juntos de forma eficiente.

Portanto, é importante entender que um projeto, independentemente do setor, é uma ideia que precisa ser transformada em realidade por meio da força sinérgica do time usando a metodologia ágil. Essa abordagem permite que a equipe trabalhe de forma mais eficiente e alcance resultados melhores em um curto período, além de promover uma cultura de colaboração e transparência.

2.1. Scrum, Kanban e outras abordagens ágeis

Scrum, Kanban e outras abordagens ágeis são metodologias que têm como objetivo facilitar o gerenciamento de projetos complexos, promovendo a flexibilidade, a colaboração e a entrega incremental. Cada uma dessas abordagens tem suas próprias características e pode ser mais adequada para diferentes tipos de projetos e equipes.

O Scrum é uma metodologia ágil que se concentra em entregas incrementais e no trabalho em equipe. Ele é baseado em sprints, que são períodos fixos durante os quais a equipe trabalha em um conjunto de tarefas. O Scrum também enfatiza a importância da colaboração, da transparência e da comunicação constate entre os membros da equipe.

Já o Kanban é uma abordagem ágil que se concentra na visualização do fluxo de trabalho e na limitação do trabalho em progresso. Ele permite que a equipe se concentre em um número limitado de tarefas de cada vez, evitando sobrecarga e garantindo que o trabalho seja concluído de forma eficiente.

Outras abordagens ágeis incluem o Lean Startup, que enfatiza a importância do aprendizado contínuo e da experimentação para o desenvolvimento de produtos inovadores, e o Design Thinking, que se concentra na compreensão das necessidades dos usuários e na criação de soluções centradas no usuário.

Independentemente da abordagem escolhida, é importante aplicar sinergia no relacionamento entre os membros da equipe e na comunicação com os stakeholders. Isso pode ser feito por meio de práticas como reuniões diárias, retrospectivas e revisões de sprint, que permitem que a equipe se mantenha alinhada em relação aos objetivos do projeto e trabalhe juntos de forma eficiente.

Autores como Ken Schwaber, Jeff Sutherland e David Anderson são referências importantes em metodologias ágeis como Scrum e Kanban. Schwaber e Sutherland são os criadores do Scrum, enquanto Anderson é o criador do Kanban. Além disso, autores como Eric Ries, criador do Lean Startup, e Tim Brown, CEO da IDEO, são referências importantes em outras abordagens ágeis.

A abordagem da inteligência espiritual pode ser útil no universo do trabalho em equipe, especialmente quando a psicologia tradicional não consegue explicar completamente certos aspectos da experiência humana. Um coach em inteligência espiritual pode desempenhar um papel importante no apoio ao desenvolvimento pessoal e no fortalecimento da conexão interior dos membros da equipe.

Autores como Danah Zohar e Ian Marshall são referências na área da inteligência espiritual. Em seu livro "SQ: Connecting With Our Spiritual Intelligence", Zohar e Marshall exploram a importância da inteligência espiritual no contexto do trabalho e da liderança, destacando como a conexão com valores e propósito mais profundos pode contribuir para o sucesso individual e coletivo.

Outro autor relevante é Robert Emmons, conhecido por seu trabalho na área da psicologia positiva e gratidão. Em seu livro "Thanks! How the New Science of Gratitude Can Make You Happier", Emmons explora como a prática da gratidão pode ter um impacto positivo na saúde mental, bem-estar e relacionamentos.

2.2. Benefícios da aplicação de métodos ágeis

A aplicação de métodos ágeis na gestão de projetos pode trazer diversos benefícios para a cultura organizacional e para os diferentes setores de uma empresa. Entre eles, podemos destacar:

1. Maior eficiência e produtividade: Os métodos ágeis permitem que a equipe trabalhe de forma mais eficiente e produtiva, entregando valor ao cliente em um curto período. Isso pode levar a um aumento na satisfação do cliente e na reputação da empresa no mercado.

2. Melhor comunicação e colaboração: Os métodos ágeis enfatizam a importância da comunicação e da colaboração entre os membros da equipe. Isso pode levar a um ambiente de trabalho mais

harmonioso e a uma melhor compreensão dos objetivos do projeto por todos os envolvidos.

3. Flexibilidade e adaptabilidade: Os métodos ágeis permitem que a equipe se adapte rapidamente às mudanças e imprevistos que possam surgir durante o projeto. Isso pode levar a uma maior capacidade de inovação e a uma melhor adaptação às necessidades do mercado.

4. Melhoria contínua: Os métodos ágeis promovem uma cultura de melhoria contínua, em que a equipe está sempre buscando maneiras de melhorar seus processos e entregas. Isso pode levar a uma maior eficiência e qualidade do trabalho ao longo do tempo.

5. Benefícios psicológicos: Participar de uma equipe que usa métodos ágeis pode ter benefícios psicológicos para os membros da equipe. Autores como Danah Zohar e Ian Marshall destacam a importância da inteligência espiritual no contexto do trabalho e da liderança, destacando como a conexão com valores e propósito mais profundos pode contribuir para o sucesso individual e coletivo.

3 CAPÍTULO
RELACIONAMENTO SINÉRGICO

3. O que é um relacionamento sinérgico

O termo "relacionamento" refere-se à conexão ou interação entre duas ou mais pessoas, entidades ou coisas. O relacionamento pode ser de diferentes tipos, como pessoal, profissional, amoroso, familiar, comercial, entre outros. Em geral, o relacionamento envolve uma troca de informações, sentimentos, ideias ou bens entre as partes envolvidas.

O sucesso de um relacionamento pode depender da capacidade das partes envolvidas de se comunicar e se entender, bem como de respeitar e considerar as necessidades e desejos do outro. O relacionamento pode ser influenciado por fatores como a cultura, a personalidade, a história de vida e as expectativas das partes envolvidas.

A palavra "relacionamento" tem sua origem no latim "relatio", que significa "ato de relatar" ou "ato de trazer de volta". Na filosofia, o conceito de relacionamento é amplamente abordado em diversas correntes filosóficas, como a fenomenologia, a hermenêutica e a filosofia da linguagem.

Essas correntes exploram a natureza dos relacionamentos humanos, a maneira como nos relacionamos com o mundo e com os outros, e como a linguagem e a interpretação desempenham um papel fundamental nesses processos.

Para obter informações mais detalhadas sobre o significado filosófico do relacionamento, recomenda-se consultar obras de filósofos renomados como Martin Heidegger, Hans-Georg Gadamer, Maurice Merleau-Ponty e Ludwig Wittgenstein. Suas obras abordam temas relacionados à existência humana, à compreensão mútua, à intersubjetividade e à linguagem.

Martin Heidegger, em sua obra "Being and Time", aborda a questão do relacionamento humano com o mundo e com os outros.

Ele explora a ideia de que nossa existência está profundamente enraizada em nossa capacidade de nos relacionarmos com o mundo ao nosso redor. Heidegger argumenta que o ser humano é um ser-em-relação, e que nossos relacionamentos moldam nossa compreensão e experiência do mundo.

Hans-Georg Gadamer, em "Truth and Method", discute a importância do diálogo e da interpretação mútua nos relacionamentos humanos. Ele enfatiza a ideia de que a compreensão só é possível através da interação com os outros, e que nossas perspectivas individuais são enriquecidas pelo diálogo e pela troca de ideias.

Maurice Merleau-Ponty, em "Phenomenology of Perception", explora a relação entre o corpo, a percepção e o mundo. Ele argumenta que nossa percepção do mundo é inseparável de nossa corporalidade e de nossas experiências sensoriais. Merleau-Ponty destaca como nossos relacionamentos com os outros são fundamentais para a nossa compreensão do mundo e de nós mesmos.

Ludwig Wittgenstein, em "Philosophical Investigations", aborda a natureza da linguagem e sua relação com o entendimento mútuo. Ele investiga como a linguagem é usada para expressar pensamentos, comunicar significados e estabelecer conexões entre as pessoas. Wittgenstein argumenta que o significado das palavras está intrinsecamente ligado ao contexto e ao uso social da linguagem.

A afirmação de que "basta uma faísca para incendiar uma floresta" pode ser entendida como uma metáfora para destacar como pequenos eventos ou desentendimentos podem desencadear grandes problemas ou conflitos em uma equipe ou ambiente de trabalho. Grifo do autor Yosef Hudson C.A.

1. Daniel Goleman: Autor conhecido por seu trabalho sobre

inteligência emocional, Goleman explora a importância das emoções e do estado emocional dos indivíduos no ambiente de trabalho. "A inteligência emocional é a capacidade de reconhecer os nossos próprios sentimentos e os dos outros, de nos motivarmos e de gerir bem as emoções em nós mesmos e nos nossos relacionamentos."

2. Abraham Maslow: Psicólogo conhecido por sua teoria da hierarquia das necessidades, Maslow argumenta que as necessidades psicológicas e emocionais dos indivíduos têm um impacto significativo em seu comportamento e desempenho no trabalho.

"A satisfação das necessidades básicas do ser humano é essencial para o seu bem-estar e para o seu desempenho no trabalho. À medida que as necessidades são atendidas, o indivíduo busca o crescimento pessoal e a autorrealização."

3. Carl Jung: Psicólogo e teórico da personalidade, Jung desenvolveu o conceito de "sombra", que se refere aos aspectos não conscientes e potencialmente negativos da personalidade. Esses aspectos podem influenciar o comportamento e as interações interpessoais.

"Todos nós temos uma sombra. Quanto menos ela é incorporada na vida consciente do indivíduo, mais negra e densa ela é."

É importante observar que essas são apenas algumas referências relacionadas ao tema. Existem muitos outros autores e teorias que exploram a influência do estado psicológico e emocional nas dinâmicas de equipe e relacionamentos interpessoais no ambiente de trabalho.

3.1. A comunicação efetiva entre os membros da equipe

A comunicação é um dos pilares fundamentais da gestão de projetos ágeis, e a sua importância não pode ser subestimada. Quando os membros da equipe são capazes de se comunicar efetivamente, há uma série de benefícios que surgem desse relacionamento sinérgico. Além disso, a comunicação efetiva tem um impacto positivo na colaboração e produtividade da equipe.

No entanto, para que a comunicação seja efetiva, é necessário que exista um canal de comunicação dentro das ferramentas de metodologia que cada membro tenha a liberdade de dizer como se sente e qual seu estado emocional, psicológico e até mesmo espiritual. Isso é particularmente importante em um ambiente ágil, onde as mudanças são frequentes e a pressão pode ser alta. Quando os membros da equipe se sentem à vontade para expressar suas preocupações, medos e ansiedades, eles podem trabalhar juntos para encontrar soluções e superar os desafios.

De acordo com o autor Alistair Cockburn, "comunicação é a coisa mais importante que fazemos". Em seu livro "Agile Software Development: The Cooperative Game" ele destaca a importância da comunicação efetiva na gestão de projetos ágeis. Ele afirma que "a comunicação é o processo pelo qual as pessoas compartilham informações, ideias e sentimentos". E quando a comunicação é efetiva, ela pode levar a uma maior colaboração, inovação e produtividade.

Além disso, o autor Jim Highsmith enfatiza que "a comunicação é a chave para o sucesso em projetos ágeis". Em seu livro "Agile Project Management: Creating Innovative Products", ele ressalta que "a comunicação deve ser clara, concisa e frequente". Ele também destaca a importância de ter um canal de comunicação aberto e transparente para que as informações possam ser compartilhadas livremente.

A palavra "comunicação" tem sua origem no latim "communicare", que significa "compartilhar, tornar comum". Essa palavra, por sua vez, tem raízes no grego "koinonia", que significa "comunhão, compartilhamento".

Na filosofia, a comunicação é um tema recorrente desde os tempos antigos. Platão, por exemplo, destacou a importância da comunicação clara e precisa em seus diálogos. Ele argumentou que a comunicação efetiva era essencial para alcançar a verdade e a sabedoria.

Aristóteles também discutiu a comunicação em suas obras. Em sua "Retórica", ele descreveu os três elementos fundamentais da comunicação: ethos (credibilidade do comunicador), pathos (emoções do público) e logos (argumentos lógicos).

Na era moderna, vários cientistas e estudiosos se dedicaram ao estudo da comunicação. Um dos pioneiros foi Claude Shannon, que desenvolveu a teoria matemática da comunicação na década de 1940. Ele definiu a comunicação como "a transmissão de informação de um lugar para outro".

Outro cientista importante foi Marshall McLuhan, que cunhou a famosa frase "o meio é a mensagem". Ele argumentou que o meio de comunicação utilizado afeta a mensagem que é transmitida e como ela é recebida.

Mais recentemente, o filósofo francês Michel Foucault discutiu a relação entre poder e comunicação. Ele argumentou que o poder é exercido através da produção e controle do discurso.

O compartilhamento e a comunhão em uma equipe podem ser complexos, pois nem sempre as pessoas estão dispostas a ouvir e carregar o peso dos outros. Nesse sentido, é importante que as empresas invistam em um departamento ou recursos que possam suprir essa demanda e promover um ambiente de sinergia e clareza nas relações.

Uma abordagem interessante para abordar essa questão é investir em palestras com profissionais de coaching especializados em inteligência espiritual e emocional. Essas palestras podem ajudar os membros da equipe a desenvolver habilidades de comunicação efetiva, empatia e compreensão mútua. Além disso, o coaching pode auxiliar no desenvolvimento pessoal e no fortalecimento das relações interpessoais.

No entanto, é importante ressaltar que a implementação dessas práticas deve ser feita de forma cuidadosa e respeitando a individualidade de cada membro da equipe. Nem todos podem estar abertos ou receptivos a esse tipo de abordagem, e é necessário garantir um ambiente seguro e confidencial para que as pessoas se sintam à vontade para compartilhar suas emoções e preocupações.

Investir em recursos e programas que promovam a comunicação efetiva e o bem-estar emocional dos membros da equipe pode contribuir para um ambiente de trabalho mais saudável e produtivo.

3.2. Construindo Relacionamentos

Compreender a importância da construção de confiança e empatia no ambiente de trabalho é essencial para a promoção de um ambiente saudável e produtivo. Para que isso aconteça, é importante que os membros da equipe estejam cientes de algumas coisas que podem contribuir para essa construção. A seguir, listamos 10 coisas que os membros precisam saber:

1. Reconheça seu estado: É importante que os membros da equipe estejam cientes de seus próprios sentimentos e emoções, para que possam lidar com eles de forma saudável e construtiva.

2. Procure ajuda: Se você estiver enfrentando dificuldades ou desafios, não hesite em pedir ajuda aos seus colegas ou superiores. Isso pode ajudá-lo a superar obstáculos e a se sentir apoiado.

3. Não desperdice força: É importante que os membros da equipe saibam como usar sua energia e recursos de forma eficiente, para que possam alcançar seus objetivos sem se esgotar.

4. Saiba falar: Comunicar-se de forma clara e efetiva é fundamental para a construção de relações interpessoais saudáveis e produtivas.

5. Saiba ouvir: Ouvir atentamente as perspectivas e preocupações dos outros é essencial para a construção de confiança e empatia.

6. Não exponha a vida dos outros: Respeitar a privacidade e os limites dos outros é fundamental para a construção de relações saudáveis e respeitosas.

7. Sua vida é tão importante quanto a dele: É importante valorizar a vida e o bem-estar de todos os membros da equipe, independentemente de sua posição ou função.

8. O estado seu hoje será de alguém amanhã: É importante lembrar que as ações e comportamentos de hoje podem afetar as relações interpessoais no futuro.

9. Faça dos seus conflitos internos um projeto: Identificar e resolver conflitos internos pode ajudar os membros da equipe a se sentir mais equilibrados e confiantes em suas relações interpessoais.

10. O seu resultado edificará outras vidas: É importante lembrar que as ações e comportamentos individuais podem afetar positivamente ou negativamente as vidas dos outros membros da equipe.

Para promover a construção de confiança e empatia no

ambiente de trabalho, é possível recorrer a diversas abordagens e técnicas. Uma abordagem interessante é a comunicação não-violenta, desenvolvida pelo psicólogo americano Marshall Rosenberg Essa abordagem enfatiza a importância da empatia, autenticidade e respeito mútuo na comunicação interpessoal.

Outra abordagem interessante é o coaching, que pode ajudar os membros da equipe a desenvolver habilidades interpessoais e emocionais O coaching pode ajudar os membros da equipe a identificar seus pontos fortes e fracos, e a desenvolver estratégias para lidar com desafios interpessoais.

4 CAPÍTULO
DESAFIOS E SOLUÇÕES NA GESTÃO DE PROJETOS ÁGEIS

A importância da força sinérgica interior e como o estado emocional pode influenciar na produtividade e bem-estar dos membros da equipe. Para entender melhor esse conceito, é importante recorrer a autores de diversas áreas comportamentais.

Em seu livro "Inteligência Emocional", o psicólogo Daniel Goleman argumenta que a inteligência emocional é fundamental para o sucesso pessoal e profissional. Ele destaca que a capacidade de reconhecer e gerenciar as emoções é essencial para a tomada de decisões efetivas e o estabelecimento de relações interpessoais saudáveis.

Já o psicólogo Abraham Maslow propõe a hierarquia das necessidades humanas, na qual a autorrealização é o nível mais alto de desenvolvimento pessoal. Ele argumenta que para alcançar esse nível, é necessário resolver conflitos internos e desenvolver uma compreensão mais profunda de si mesmo.

No campo da psicossomática, o médico alemão Georg Groddeck argumenta que as emoções podem afetar diretamente a saúde física. Ele propõe a ideia de que as doenças são uma forma de comunicação entre o corpo e a mente, e que a resolução de conflitos emocionais pode ajudar a curar doenças físicas.

Com base nesses conceitos, podemos entender que a força sinérgica interior é gerada pelo estado emocional dos membros da equipe. Os sentimentos negativos podem gerar patologias psíquicas e somáticas, e é importante que cada membro da equipe reconheça a necessidade de resolver esses sentimentos para elevar seu grau de consciência.

Permanecer anestesiando esses sentimentos pode levar a um estado de consciência baixa, gerando frequências e vibrações motivacionais contrárias à vida. Portanto, identificar a causa dos sentimentos negativos é fundamental para promover um ambiente de trabalho saudável e produtivo.

Existem várias situações comuns a todos que podem gerar emoções e uma baixa consciência sinérgica. É importante lembrar que a consciência é uma dimensão do espírito humano, enquanto a mente é uma dimensão da alma humana, de acordo com o autor. Aqueles que vivem apenas na mente da alma têm uma consciência baixa, enquanto aqueles que vivem na consciência do espírito têm uma vida em um nível mais elevado.

Existe uma comunicação entre a consciência do espírito humano e a mente da alma. A consciência em si mesma é luz, energia e força, e tem a capacidade de dissipar os sentimentos negativos, convertendo-os em sentimentos positivos por meio de uma mudança de polarização. Portanto, todos devem rejeitar os sentimentos negativos e dizer a si mesmos que não querem sentir isso. Exemplo de sentimentos negativos. Força sinérgica que geram resultados negativos.

1. Mágoa: É um sentimento de tristeza ou ressentimento causado por uma experiência dolorosa ou uma ofensa percebida. No grego, o termo relacionado é "λύπη" (lýpi), que significa tristeza.

2. Amargura: Refere-se a um sentimento prolongado de ressentimento, descontentamento ou hostilidade. No grego, o termo relacionado é "πικρια" (pikría), que significa amargura.

3. Raiz de amargura: É um estado persistente de rancor ou ressentimento profundo. No grego, o termo relacionado é "ρίζα της πικρίας" (ríza tis pikrías).

4. Ódio: É um forte sentimento de aversão, repulsa ou animosidade em relação a alguém ou algo. No grego, o termo relacionado é "μίσος" (mísos), que significa ódio.

5. Vingança: Refere-se ao desejo ou ação de causar dano ou

sofrimento em resposta a uma ofensa percebida. No grego, o termo relacionado é "εκδίκηση" (ekdíkisi), que significa vingança.

6.   Ira: É um sentimento intenso de raiva, indignação ou fúria. No grego, o termo relacionado é "θυμός" (thymós), que significa ira.

7.   Angústia: É um sentimento de ansiedade, aflição ou agonia intensa. No grego, o termo relacionado é "αγωνία" (agonía), que significa angústia.

8.   Culpa: Refere-se ao sentimento de responsabilidade ou remorso por ter feito algo errado ou prejudicial. No grego, o termo relacionado é "ένοχος" (énochos), que significa culpa.

9.   Inveja: É um sentimento de ressentimento ou desejo de possuir algo que outra pessoa tem. No grego, o termo relacionado é "φθόνος" (fthónos), que significa inveja.

10.   Desprezo: Refere-se a uma atitude de desdém, desvalorização ou falta de respeito em relação a alguém ou algo. No grego, o termo relacionado é "περιφρόνηση" (perifrónisi), que significa desprezo.

11.   Vaidade: é a qualidade de quem manifesta um desejo excessivo de ser admirado, de quem é vaidoso. No grego, a palavra para vaidade é κενοδοξία (kenodoxia), que significa "glória vazia" ou "vã glória".

Aristóteles foi um filósofo grego que tratou da ética como uma área própria do conhecimento, sendo considerado o fundador da ética como uma disciplina da filosofia. Para ele, a ética está relacionada com a ideia de virtude e de felicidade, que são as finalidades da vida humana. A virtude é o "bem agir" baseado na capacidade humana de deliberar, escolher e agir conforme a razão. A felicidade é a prática de uma vida virtuosa, que não depende do prazer, da posse de bens ou do reconhecimento.

Entre as virtudes, Aristóteles destaca a prudência, que é a capacidade de escolher o justo meio entre os vícios por falta e por excesso. A prudência é a base de todas as outras virtudes, pois orienta o ser humano para o bem comum e para a sua essência.

Sobre a vaidade, Aristóteles considera que é um defeito moral, pois é um excesso de desejo de ser admirado pelos outros. A vaidade é o oposto do orgulho, que é a virtude relativa à honra. O orgulho é o justo meio entre a humildade, que é a falta de honra, e a vaidade, que é o excesso de honra.

O orgulhoso é aquele que tem uma opinião justa sobre si mesmo e sobre os seus méritos, sem se rebaixar nem se exaltar. O vaidoso é aquele que tem uma opinião falsa e exagerada sobre si mesmo e sobre os seus méritos, buscando a aprovação e o elogio dos outros.

12. Orgulho: é a opinião muito vantajosa, o conceito muito elevado que se tem de si próprio. No grego, a palavra para orgulho é ὕβρις (hybris), que significa "desmesura", "excesso" ou "arrogância

13. Soberba: é a atitude altiva, o comportamento que denota orgulho excessivo. No grego, a palavra para soberba é ὑπερηφανία (hyperēphania), que significa "altivez", "presunção" ou "insolência".

14. Arrogância: é a qualidade de altivo, arrogante, presunçoso. No grego, a palavra para arrogância é ἀλαζονεία (alazoneia), que significa "jactância", "fanfarronice" ou "ostentação

15. Prepotência: é a qualidade de quem abusa do poder ou da autoridade. No grego, a palavra para prepotência é ἀναξιοκρατία (anaxiokratia), que significa "governo dos indignos" ou "tirania".

Relacionamento Sinérgico

16.   Insegurança: é a falta de confiança em si mesmo ou nos outros. No grego, a palavra para insegurança é ἀσφάλεια (asphaleia), que significa "inconstância", "instabilidade" ou "perigo".

17.   Ciúme: é a tristeza pelo bem de outra pessoa ou pelo receio de perder o afeto de alguém. No grego, a palavra para ciúme é ζῆλος (zēlos), que significa "ardor", "emulação" ou "rivalidade".

18.   Fofoca: é a divulgação de informações falsas ou maliciosas sobre alguém. No grego, a palavra para fofoca é διάβολος (diabolos), que significa "caluniador", "acusador" ou "adversário".

Uma única virtude da conscienca do espírito humano é capaz de gerar uma força sinérgica interior com tão grade que desconstróis toda as sombras que nos consomem. Hulmidade.

A palavra humildade vem do grego ὑμιλία (humilia), que significa "baixeza", "modéstia" ou "submissão". Essa palavra, por sua vez, deriva de ὕμος (humos), que significa "terra", "solo" ou "pó".

A ideia é que a pessoa humilde é aquela que se reconhece como pertencente à terra, sem se exaltar ou se orgulhar. A humildade é considerada uma virtude por muitas tradições religiosas e filosóficas, como o cristianismo, o budismo e o estoicismo. A humildade é vista como uma forma de respeitar a si mesmo e aos outros, de reconhecer as próprias limitações e de buscar o aperfeiçoamento.

A capacidade de manifestar humildade em reconhecer o estado que se encontra é o primeiro passo para o resultado da saúde mental, o benefício da paz interior e o equilíbrio nos relacionamentos. A humildade é a virtude que consiste em conhecer as suas próprias limitações e fraquezas e agir de acordo com essa consciência, sua luz ativa.Refere-se à qualidade daqueles que não tentam se projetar sobre as outras pessoas, nem mostrar ser superior a elas (Wikipédia, 2021).

A palavra humanidade vem do latim humanitas, que significa "qualidade do que é humano", "natureza humana" ou "gênero humano". Essa palavra, por sua vez, deriva de humanus, que significa "humano", "pertencente ao homem" ou "benigno".

Humanus é um adjetivo formado a partir de homo, que significa "homem" ou "ser humano". Homo tem origem no grego ἄνθρωπος (anthrōpos), que tem o mesmo significado. A palavra humanidade também pode se referir à bondade, à compaixão ou à benevolência para com os outros seres humanos.

A palavra humilde vem do latim humilis, que significa "baixo", "próximo ao chão" ou "modesto". Essa palavra, por sua vez, deriva de humus, que significa como ditto anteriormente "terra", "solo" ou "pó". A ideia é que a pessoa humilde é aquela que se reconhece como pertencente à terra, sem se exaltar ou se orgulhar.

A humildade é considerada uma virtude por muitas tradições religiosas e filosóficas, como o cristianismo, o budismo e o estoicismo. A humildade é vista como uma forma de respeitar a si mesmo e aos outros, de reconhecer as próprias limitações e de buscar o aperfeiçoamento.

Portanto, a relação etimológica entre humanidade e humilde é que ambas derivam da mesma **raiz latina humus**, que significa "terra". Essa raiz expressa a ideia de que os seres humanos são criaturas nascidas da terra e que devem ter consciência da sua condição e da sua dignidade.

Aristóteles, que considerou a humildade como o justo meio entre a vaidade e a humildade excessiva, sendo uma virtude relativa à honra (Aristóteles, 19793).

Sófocles, que retratou a humildade como uma forma de evitar a tragédia causada pelo orgulho excessivo, como no caso de Édipo (Sófocles, 20074).

Santo Agostinho, que afirmou que a humildade é a base de todas as virtudes cristãs e o antídoto contra o pecado da soberba (Agostinho, 19895).

Kant, que defendeu que a humildade é uma disposição moral de não se estimar acima do valor moral dos outros (Kant, 20046).

**5-CAPÍTULO
ESTUDO DE CASO**

O relacionamento sinérgico na gestão de projetos com métodos ágeis é aquele que busca a integração e a colaboração entre as partes envolvidas em um projeto, visando a otimização dos recursos, a entrega de valor e a satisfação do cliente. Esse tipo de relacionamento requer uma cultura organizacional que valorize a confiança, a transparência, o feedback e a aprendizagem contínua.

Algumas empresas que conseguiram implementar esse relacionamento sinérgico com sucesso são:

Spotify: a empresa sueca de streaming de música é considerada um exemplo de aplicação dos métodos ágeis em larga escala. A Spotify organiza seus times em squads, tribes, chapters e guilds, que são unidades autônomas e multidisciplinares que trabalham em torno de um objetivo comum

Magazine Luiza: a empresa brasileira de varejo é reconhecida por sua transformação digital e pela adoção dos métodos ágeis em sua gestão. A Magazine Luiza criou o LuizaLabs, um laboratório de inovação que funciona como um startup dentro da empresa, onde os times trabalham com metodologias ágeis como Scrum e Kanban para desenvolver soluções digitais para os clientes.

Nubank: a empresa brasileira de serviços financeiros é uma das maiores fintechs do mundo e utiliza os métodos ágeis em sua gestão. O Nubank organiza seus times em squads, que são grupos pequenos e autônomos que trabalham em um problema específico do cliente. Os squads têm liberdade para escolher as ferramentas, processos e metodologias que melhor se adaptam ao seu contexto.

No entanto, nem todas as empresas conseguem implementar o relacionamento sinérgico na gestão de projetos com métodos ágeis com facilidade. Uma das dificuldades é encontrar profissionais qualificados e preparados para lidar com os desafios dessa abordagem. Alguns desses desafios são:

Conflitos nos relacionamentos entre setores da empresa: os métodos ágeis exigem uma maior integração e cooperação entre as áreas da empresa, o que pode gerar conflitos de interesses, prioridades e expectativas.

Conflitos nos relacionamentos dentro do time de projeto: os métodos ágeis também exigem uma maior interação e sincronia entre os membros do time de projeto, o que pode gerar divergências de opiniões, personalidades e estilos de trabalho.

Conflitos nos relacionamentos com o estado emocional: os métodos ágeis demandam uma maior flexibilidade e adaptabilidade dos profissionais diante das mudanças constantes no ambiente de trabalho, o que pode gerar estresse, ansiedade e frustração.

A metodologia agile é uma forma de gerenciar projetos de forma flexível, colaborativa e adaptável às mudanças. Ela envolve a divisão do projeto em pequenas partes chamadas sprints, que são entregues ao cliente com frequência e feedback. A metodologia agile visa aumentar a satisfação do cliente, a qualidade do produto e a produtividade da equipe.

No entanto, para que a metodologia agile funcione bem, é preciso que a equipe esteja em harmonia e em sintonia com os objetivos do projeto. Isso requer uma boa comunicação, confiança, respeito e apoio mútuo entre os membros da equipe. Além disso, é preciso que a equipe tenha saúde emocional, ou seja, que esteja bem consigo mesma e com os outros, que saiba lidar com as emoções, os conflitos e os desafios do trabalho.

A saúde emocional da equipe é fundamental para o sucesso do projeto, pois influencia na motivação, na criatividade, na inovação, na cooperação e na resolução de problemas. Uma equipe emocionalmente saudável é capaz de se adaptar às mudanças, de aprender com os erros, de celebrar as conquistas e de se engajar com o propósito do projeto.

Por isso, é importante que a equipe tenha meios de expressar e monitorar o seu estado emocional durante o projeto. Isso pode ajudar a identificar possíveis dificuldades, necessidades ou insatisfações dos membros da equipe, e a buscar soluções adequadas para cada situação. Além disso, pode ajudar a fortalecer os laços entre a equipe e a criar um ambiente de trabalho mais positivo e acolhedor.

Existem algumas ferramentas que podem auxiliar a equipe a sinalizar o seu estado emocional de forma simples e rápida. Algumas delas são:

MoodApp: um aplicativo que permite aos membros da equipe registrar o seu humor diário em uma escala de cinco emoções: feliz, neutro, triste, irritado ou estressado. O aplicativo gera gráficos e relatórios que mostram o clima emocional da equipe ao longo do tempo

Niko-niko Calendar: um calendário que mostra o humor dos membros da equipe em cada dia do sprint. Cada membro coloca um adesivo com uma carinha feliz, neutra ou triste no calendário, indicando como se sentiu naquele dia.

Team Mood: um site que envia um e-mail diário aos membros da equipe perguntando como eles se sentem em relação ao trabalho. Cada membro responde escolhendo uma das quatro opções: ótimo, bom, regular ou ruim. O site gera gráficos e alertas que mostram o nível de satisfação e engajamento da equipe.

6 CAPÍTULO
REFLEXÃO: O MITO DA ÁGUIA

Não vá para a caverna sozinho. Você é parte de um time. Todos os dias, a mente humana, a mente da alma, se não receber luz, força sinérgica que lhe inspire a abandonar padrões psicológicos que nos deixam em frequências vibrações numa repetição constante da mesmice, nossa força sinérgica será a mesma todos os dias. Pasme, a luz que você procura está em você mesmo, na consciência de seu espírito.

Você, eu e qualquer pessoa percebe essa luz em si mesma quando percebe que está vivendo em uma roda que gira sem parar nas mesmas coisas. Isso é força sinérgica gerada pelas emoções. Para transformar esses sentimentos resultantes das emoções ruins, é necessário elevar-se em si mesmo.

E quando dizemos "não quero mais sentir esse sentimento" e mudamos o foco, as perspectivas, todos os sentimentos que as emoções produziram em força sinérgica que chamamos de sentimentos são convertidos em sentimentos bons e elevados, porque a luz da consciência de seu espírito deu um salto quântico, penetrou em sua dimensão profunda e transformou o projeto da energia sinérgica negativa em força sinérgica positiva.

A águia americana do bico amarelo é uma espécie de ave de rapina que habita as regiões montanhosas da América do Norte. Ela se caracteriza por ter o bico e as patas de cor amarela, contrastando com a plumagem marrom-escura do corpo e a cabeça branca. Essa águia se alimenta principalmente de peixes, mas também pode capturar pequenos mamíferos e aves.

Uma das histórias mais famosas sobre essa águia é o suposto ritual de renovação que ela realizaria aos 40 anos de idade, quando suas unhas, bico e penas estariam desgastados e dificultariam sua sobrevivência.

Essa história é usada como uma metáfora para a capacidade humana de superar as dificuldades e se reinventar. No entanto, essa história não passa de um mito, pois não há nenhuma evidência científica de que as águias façam esse tipo de ritual.

Na verdade, as águias não vivem 70 anos na natureza, mas sim entre 20 e 30 anos. Elas também não perdem o bico e as unhas, a menos que sofram algum trauma. O bico e as unhas são compostos por queratina, que se renova constantemente para compensar o desgaste natural. Isso nos diz que precisamos nos renovar todos os dias. As pessoas ques estão em depressão, estressadas e ansiosas é porque não querem se renovar todos os dias como a águia.

Veja que as penas também são trocadas periodicamente ao longo da vida da águia, sem necessidade de arrancá-las. Portanto, a história da renovação da águia é uma lenda bonita, mas falsa. Isso não significa que as águias não sejam animais admiráveis e inspiradores.

Elas possuem características físicas e comportamentais que as tornam excelentes caçadoras e voadores. Elas têm uma visão aguçada, capaz de enxergar detalhes a longas distâncias. Elas têm um bico curvo e afiado, que serve para rasgar carne das presas. Elas têm garras fortes e pontiagudas, que servem para agarrar os animais com firmeza.

As águias também são animais inteligentes e sociais. Elas são capazes de aprender com a experiência e de se adaptar às mudanças do ambiente. Elas formam casais fiéis, que cuidam dos filhotes juntos. Elas podem cooperar com outras águias na hora da caça ou da defesa do território.

Assim, as águias podem ser comparadas a times de pessoas que trabalham em conjunto para alcançar um objetivo comum. Assim como as águias, os membros de um time devem ter habilidades individuais, mas também devem saber cooperar e se comunicar com os outros. Eles devem ter visão estratégica, mas também devem ser flexíveis diante dos desafios. Eles devem ter força e coragem, mas também devem ter sensibilidade e respeito.

SOBRE O AUTOR

Mr Yosef Hudson C.A. é um autor, empresário e coach de desenvolvimento pessoal que tem uma vasta experiência em diversas áreas. Ele é casado há 23 anos e tem três filhas. Ele trabalhou em vendas, gestão de projetos no varejo, na indústria, na construção civil e na área de tecnologia. Ele também foi coordenador de equipe e de projetos em diferentes contextos.

Ele tem uma formação acadêmica diversificada e atualizada. Ele possui um mestrado em Ciências Políticas Internacionais e uma especialização em Marketing Político pela Universidade Europeia do Atlântico na Espanha. Ele também tem um MBA em Ciências Políticas pela Universidade

Estácio de Sá no Brasil, uma graduação e licenciatura plena em História pela Universidade Norte do Paraná e um bacharelado em Teologia pela Universidade da Bíblia. Além disso, ele fez cursos de Project Manager pelo Google e IBM, Fundamentos de Scrum, Fundamentos de Scrum Master e Fundamentos Ágeis.

Ele é autor de diversos livros de ficção histórica e outros temas, como política, religião, cultura e negócios. Ele também é CEO da Startup Help Coaching Service, uma empresa que oferece serviços de coaching para pessoas e organizações que buscam desenvolver seu potencial.

Ele é o idealizador da **franquia Comida Panela Brazilian Grill**, um projeto que visa valorizar o poder do agronegócio brasileiro e oferecer uma experiência gastronômica única aos clientes. Ele acredita que essa ideia tem um valor de mercado de 1 bilhão de dólares.

Mr Yosef Hudson C.A. é um exemplo de alguém que busca constantemente se aprimorar, se reinventar e contribuir para a sociedade com sua criatividade, conhecimento e visão. Ele é um autor que merece ser lido e acompanhado por quem se interessa por temas relevantes e atuais.

REFERENCIAS:

-Aristóteles. (s/d). Metaphysics. Disponível em: http://classics.mit.edu/Aristotle/metaphysics.1.i.html

- Buber, M. (1970). I and Thou. New York: Scribner.

- Jung, C. G. (1968). The Archetypes and the Collective Unconscious. Princeton, NJ: Princeton University Press.

- Maslow, A. H. (1943). A Theory of Human Motivation. Psychological Review, 50(4), 370-396.

- Senge, P. M. (1990). The Fifth Discipline: The Art and Practice of the Learning Organization. New York: Doubleday/Currency.
- Drucker, P. (1954). The Practice of Management. New York: Harper & Row.

- Ford, H. (1922). My Life and Work. Garden City, NY: Garden City Publishing.

- Covey, S. R. (1989). The 7 Habits of Highly Effective People. New York: Free Press.

Heráclito. Fragmentos. Disponível em: http://www.gredos.usal.es/jspui/bitstream/10366/83454/1/Her%C3%A1clito_Fragmentos.pdf

- Lao Tzu. Tao Te Ching. Nova Iorque: Vintage Books, 1989.

- Kerzner, H. (2017). Project Management: A Systems Approach to Planning, Scheduling, and Controlling. Hoboken, NJ: Wiley.

- Jobs, S., & Isaacson, W. (2011). Steve Jobs. New York: Simon & Schuster.

- Weick, K. E. (1995). Sensemaking in Organizations. Thousand Oaks, CA: Sage Publications.

- Goleman, D. (1995). Inteligência Emocional. Rio de Janeiro: Objetiva.

- Lencioni, P. (2002). The Five Dysfunctions of a Team. San Francisco: Jossey-Bass.

- Brown, B. (2010). A Coragem de Ser Imperfeito. São Paulo: Sextante.

- Siegel, D. J. (2010). Mindsight: The New Science of Personal Transformation. New York: Bantam Books.

Boyatzis, R., & McKee, A. (2005). Resonant Leadership: Renewing Yourself and Connecting with Others Through Mindfulness, Hope, and Compassion. Boston: Harvard Business Review Press.

Beck, K. (1999). Extreme Programming Explained: Embrace Change. Boston: Addison-Wesley Professional.

- Highsmith, J. (2002). Agile Software Development Ecosystems. Boston: Addison-Wesley Professional.

- Sutherland, J. (2014). Scrum: A Revolutionary Approach to Building Teams, Beating Deadlines and Boosting Productivity. New York: Crown Business.

- Agile Alliance (2021). What is Agile? Disponível em: https://www.agilealliance.org/agile101/what-is-agile/

Cockburn, A. (2001). Agile Software Development: The Cooperative Game (2nd ed.). Boston: Addison-Wesley Professional.

- Drucker, P. F. (2012). The Effective Executive: The Definitive Guide to Getting the Right Things Done. New York: HarperCollins.

- Schwaber, K. (2004). Agile Project Management with Scrum. Redmond, WA: Microsoft Press.

- Anderson, D. J. (2010). Kanban: Successful Evolutionary Change for Your Technology Business. Seattle: Blue Hole Press.

- Ries, E. (2011). The Lean Startup: How Today's Entrepreneurs Use Continuous Innovation to Create Radically Successful Businesses. New York: Crown Business.

- Schwaber, K. (2004). Agile Project Management with Scrum. Redmond: Microsoft Press.

- Sutherland, J. (2014). Scrum: A Revolutionary Approach to Building Teams, Beating Deadlines and Boosting Productivity. New York: Crown Business.

- Brown, T. (2009). Change by Design: How Design Thinking Transforms Organizations and Inspires Innovation. New York: HarperCollins Publishers.

Emmons, R. A. (2007). Thanks! How the New Science of Gratitude Can Make You Happier? Boston: Houghton Mifflin Harcourt.

- Zohar, D., & Marshall, I. (2001). SQ: Connecting with Our Spiritual Intelligence. New York: Bloomsbury Publishing.

- Heidegger, M. (1962). Being and Time. New York: Harper & Row.

- Gadamer, H. G. (1989). Truth and Method. New York: Crossroad.

- Merleau-Ponty, M. (1962). Phenomenology of Perception. London: Routledge.

- Wittgenstein, L. (1953). Philosophical Investigations. Oxford: Blackwell.

Goleman, D. (1995). Emotional Intelligence: Why It Can Matter More Than IQ. New York: Bantam Books.

Maslow, A. H. (1943). A Theory of Human Motivation. Psychological Review, 50(4), 370-396.

Jung, C. G. (1938). Psychology and Religion. New Haven: Yale University Press.

Cockburn, A. (2006). Agile Software Development: The Cooperative Game.

Highsmith, J. (2009). Agile Project Management: Creating Innovative Products.

Platão. Diálogos. Disponível em: <http://www.dominiopublico.gov.br/download/texto/bv000127.pdf>.

Aristóteles. Retórica. Disponível em: <https://www.dominiopublico.gov.br/download/texto/gu000074.pdf>.

Shannon, C. E., & Weaver, W. (1949). The mathematical theory of communication. University of Illinois Press.

McLuhan, M. (1964). Understanding media: The extensions of man. McGraw-Hill.

Foucault, M. (1972). The archaeology of knowledge. Pantheon Books.

Rosenberg, M. (2003). Nonviolent Communication: A Language of Life. PuddleDancer Press.

Grant, A. M., & Cavanagh, M. J. (2007). Coaching and Positive Psychology: Credentialing, Professional Status, and Professional Bodies. In Handbook of Positive Psychology (pp. 385-393). Oxford University Press.

Goleman, D. (1995). Inteligência emocional.

Maslow, A. (1943). A theory of human motivation.

Groddeck, G. (1923). The book of the it.

Aristóteles. (2009). Ética a Nicômaco (L. Vallandro & A. Ribeiro, Trads.). Edipro. (Obra original publicada em 350 a.C.)

Silva, A. C. (2015). Ética aristotélica. InfoEscola.

Oliveira, L. (2018). O que Aristóteles pensava? Revista Filosofia: Ciência & Vida, 13(67), 20-25.

Santos, R. (2020). 12 melhores frases de Aristóteles comentadas. Psicologias do Brasil.

Nascimento, E. P. (2006). Aristóteles, o defensor da instrução para a virtude. Educação & Sociedade, 27(96), 819-836.

Sófocles. (2007). Édipo Rei (T. Vieira, Trad.). Perspectiva. (Obra original publicada em 427 a.C.)

Agostinho, S. (1989). A Cidade de Deus (Contra os Pagãos) (O. P. Leme, Trad.). Vozes; Federação Agostiniana Brasileira. (Obra original publicada em 426 d.C.)

Platão. (2006). Protágoras (C. A. Nunes, Trad.). Edições 70. (Obra original publicada em 380 a.C.)

Epicuro. (2002). Carta a Meneceu (J. A. G. Cunha, Trad.). Edições 70. (Obra original publicada em 270 a.C.)

Homero. (2003). Ilíada (C. A. Nunes, Trad.). Ediouro. (Obra original publicada em século VIII a.C.)

Paulo, S. (2000). Epístola aos Gálatas. Em Bíblia Sagrada (pp. 1399-1404). Sociedade Bíblica do Brasil. (Obra original escrita em 55 d.C.)

Significados. (2021). O que é Humildade: significado, características e origem. https://www.significados.com.br/humildade/

Etimologia. (2010). Etimologia de "humildade". https://origemdapalavra.com.br/palavras/humildade/

Conceito.de. (2021). Humildade - Conceito, Definição e O que é Humildade. https://conceito.de/humildade

Gramática. (2010). Etimologia de "humildade". https://origemdapalavra.com.br/palavras/humildade/

Ciberdúvidas da Língua Portuguesa. (2008). A etimologia de humildade e de humilde. https://ciberduvidas.iscte-iul.pt/consultorio/perguntas/a-etimologia-de-humildade-e-de-humilde/23067

Etimologista. (2014). Correção do significado de "ilde" na palavra humildade. https://etimologista.blogspot.com/2014/05/correcao-do-significado-de-ilde-na.html

Santos, R. (2020). Como Ser Mais Humilde: 7 Atitudes Segundo a Filosofia. Psicologias do Brasil. https://www.psicologiasdobrasil.com.br/como-ser-mais-humilde-7-atitudes-segundo-a-filosofia

Kniberg, H., & Ivarsson, A. (2012). Scaling Agile @ Spotify with Tribes, Squads, Chapters and Guilds. [White paper]. Spotify. https://blog.crisp.se/wp-content/uploads/2012/11/SpotifyScaling.pdf

Magazine Luiza. (2020). Relatório Anual 2019. https://ri.magazineluiza.com.br/Download.aspx?Arquivo=6Z1XxQg7wOy9JLwZ4V8Q3A==

Nubank. (2020). Culture at Nubank. https://nubank.com.br/en/careers/culture/

PMI. (2017). Agile Practice Guide. Project Management Institute.

Sutherland, J., & Schwaber, K. (2020). The Scrum Guide. https://www.scrumguides.org/docs/scrumguide/v2020/2020-Scrum-Guide-US.pdf

Goleman, D., Boyatzis, R., & McKee, A. (2002). Primal Leadership: Realizing the Power of Emotional Intelligence. Harvard Business School Press.

MoodApp. (2021). MoodApp: The app that tracks your team's mood. https://moodapp.team/

Public Agile. (2021). Niko Niko Calendar. https://publicagile.org/agile-playbook/alignment-and-visioning/niko-niko-calendar/

Team Mood. (2021). Team Mood: The simplest way to measure employee satisfaction and team morale. https://www.teammood.com/en/

Pacievitch, T. (s.d.). Águia Americana. InfoEscola. Recuperado de 1.

Spero Hope. (s.d.). Águia Americana: Características, Habitat, Reprodução, Comportamento. Recuperado de 6.

Patrícia, K. (2013, setembro 30). A verdade sobre o ritual de renovação da águia, história famosa em palestras de autoajuda. Diário de Biologia. Recuperado de 7.

Crispim, C. (2016, junho 29). O mito do renovo da águia. Estudos Bíblicos Teológicos Evangélicos. Recuperado de 9.

Ribeiro, H. (s.d.). A História da Renovação da Águia. Recuperado de 8.

Leize, M. (2021, junho 23). Características da águia: personalidade, renovação e mais. Guia Animal. Recuperado de 14.

G1. (2012, agosto 17). Águia, gavião ou falcão? Saiba identificar as espécies. Recuperado de 18.